阿根廷
国家足球队
官方商品

挚爱蓝白

----- 励志手账 -----

群星○翱翔

阿根廷足协（中国）办公室　编

U0392314

北京时代华文书局

征程，

一战又一战，永不停歇。

英雄,

一个又一个，永不孤行。

遥望,

潘帕斯草原上的雄鹰，展翅翱翔，撕破长空。

前行，

蓝白间条衫下的身躯，一往直前，不断追逐。

在浩瀚的历史长河中，这些伟大的名字，

灿烂永恒。

迭戈·马拉多纳

在多少人的心中，马拉多纳就是"球王"，"球王"就是马拉多纳。极致的个人英雄主义，让无数球迷为之疯狂。

　　"上帝之手""世纪最佳进球"等足坛永恒瞬间，更是让马拉多纳拥有传奇色彩。只叹，上帝收回了"上帝之手"。

Vamos-?

Vamos

利昂内尔·梅西

一个划时代的球员，一个改变世界足球历史的球员。无数的荣誉背后，是举世无双，是万人敬仰。

不知用怎样的词语去形容梅西，或许我们只能说一句，在这个时代，能够看梅西踢球，我们何其有幸。

rgentina

罗曼·里克尔梅

　　当里克尔梅在球场上，你难以预见他的下一个举动。他球性极好，仿佛就是为足球而生。

　　他是一个指挥者，有了他，队友就有了方向。他的技术也让人着迷。
看他踢球，就好像在欣赏独特的风光。

rgentina

费尔南多 · 雷东多

　　飘逸的长发，优雅的盘带，雷东多就好像是球场上的艺术家，不断演绎着属于自己的足球哲学。

　　他重新定义了后腰这个吃力不讨好的角色，赋予了后腰更生动的含义。他的防守不失风度，恰到好处，唯有"艺术后腰"可以形容。

Vamos A

Vamos 𝒜

豪尔赫·巴尔达诺

他是"隐藏在马拉多纳身边的杀手",无声无息,却能给对手致命一击,让对手无还手之力。

他低调、内敛，却又不失"杀手"本色。强有力的身体让他立足禁区，摧城拔寨，甚是春风得意。

Vamos

rgentina

Vamos

rgentina

加夫列尔·巴蒂斯图塔

　　你听过足球场上的"战神"吗？巴蒂斯图塔就是。拥有永不畏惧的雄心、"挡我者死"的气魄，他就是真正的勇者。

他那充满魅力的暴力射门，以及创造出的诡异弧线，让你不得不惊叹，原来足球场上还有这样的美学。

Vamos

克劳迪奥·卡尼吉亚

他像是足球场上的短跑运动员，因为他风驰电掣，百米速度 10 秒 23。没人知道他何时启动，这让对手的防线形同虚设。我们亲切地称呼他为"风之子"。

他永远是一代人的偶像，而他绝杀巴西队的那个瞬间，则是必须珍藏的经典。

Vamos

rgentina

塞尔希奥·阿圭罗

　　那时候的他，让人血脉偾张；那时候的他，进球如探囊取物；那时候的他，是多少人守候在电视机前的理由。

　　他是阿圭罗，他也是"大空翼"，一个出色的"杀手"，一个优异的射手，一个阿根廷队的传奇球星。

Vamos

rgentina

Vamos

rgentina

哈维尔·萨内蒂

他是忠诚的代表，可以几十年如一日地坚守；他是坚毅的代表，眼神中总是透露着顽强；他更是谦逊的代表，是让人尊敬的伟大对手。

当时光慢慢消逝，翻开足球的历史长卷，我依然愿意向后辈诉说有关他的故事，因为他的故事"历久弥香"。

rgentina

冈萨洛·伊瓜因

　　他鬼魅般的跑位，让对手捉摸不透；他在球场上拥有灵敏的嗅觉，总能出其不意，巧妙"杀敌"。

　　曾经，我们亲切地称呼他为"小烟枪"，慢慢地，慢慢地，我们开始思念这一杆"老烟枪"！

Vamos P

安赫尔·迪马利亚

　　他速度极快，随风奔跑；他技术超群，鬼使神差；他韧劲儿十足，总能在最困难的时候挺身而出。

　　他是球场上的"天使"，是阿根廷队的"天使"，更是万千球迷心中的"天使"。

Vamos

AĨA

灿若星空

Vamos Argentina

劳塔罗·马丁内斯

丹尼尔·帕萨雷拉

卡洛斯·特维斯

乌巴尔多·菲洛尔

马里奥·肯佩斯

胡安·贝隆

哈维尔·萨维奥拉

埃尔南·克雷斯波

迭戈·米利托

尼古拉斯·奥塔门迪

埃斯特班·坎比亚索

巴勃罗·艾马尔

费尔南多·加戈

马丁·德米凯利斯

塞尔吉奥·戈耶切亚

马丁·帕勒莫

豪尔赫·布鲁查加

……